Sonnenenergie
Kraft aus der Sonne

Text von Nicola und Thomas Herbst

Illustriert von Angelika Grothues

———

Für Nina Ahlering aus Lembruch,
die wissen wollte, wie man aus
Sonnenstrahlen Strom machen kann

———

www.bennyblu.de

Benny Blu entdeckt die Kraft der Sonne

Benny Blu besucht mit seinen Eltern den Tag der offenen Tür im Umweltzentrum. An den verschiedenen Stationen ist eine Menge geboten.

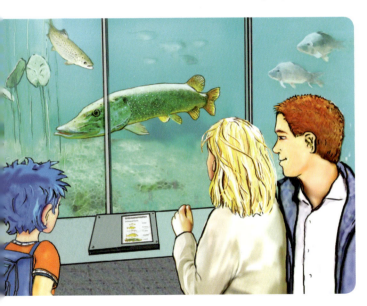

In der Unterwasserstation beobachtet Benny Blu die heimische Fischwelt. Plötzlich schwimmt ein riesiger Fisch ganz nah an die Glasscheibe heran. „Wow, ist der groß!", staunt Benny.

„Das ist ein Raubfisch – ein Hecht", weiß Papa. Benny Blu ist begeistert. Doch langsam knurrt sein Magen. „Ich könnte einen ganzen Hecht verdrücken", verkündet er hungrig.

Am Essensstand fällt Benny der komische Ofen auf. „Das ist ein Solarkocher. Damit bereiten wir Nudeln zu", erklärt der Koch. „Und woher kommt der Strom dafür?", wundert sich Benny.

Der Koch erklärt, dass der Solarkocher keinen Strom braucht. Er fängt Sonnenstrahlen ein und wandelt sie in Wärme um. Damit erhitzt er das Essen. „Wahnsinn!", findet Benny.

Er überlegt: „Warum ist die Sonne für unser Leben wichtig? Wie arbeiten Solarzellen auf den Dächern? Gibt es Fahrzeuge, die mit Solarkraft fahren? Und was ist Fotovoltaik?"

Unsere Sonne

Die Sonne ist ein riesiger Stern. Sie entstand vor etwa fünf Milliarden Jahren. Verglichen mit der Sonne ist die Erde ein Zwerg. Ihr Durchmesser ist über 100-mal kleiner.

Erde

Die Sonne besteht aus heißen Gasen.

Licht

Wie eine riesige Lampe leuchtet die Sonne. Ohne sie wäre es auf der Erde stockdunkel.

Mehr zum Thema Weltall findest du im gleichnamigen Benny Blu Buch.

Benny Blu Wissens-Tipp

Die Sonne bildet die Mitte unseres Sonnensystems. Die Erde und andere Planeten umkreisen sie auf verschiedenen Bahnen.

Wärme

Die Sonne spendet auch Wärme. Ohne sie wäre es bei uns unvorstellbar kalt. Niemand könnte auf der Erde leben.

Atmen

Mithilfe der Sonne stellen Pflanzen Sauerstoff her. Diesen Vorgang nennt man Fotosynthese. Sauerstoff brauchen Lebewesen zum Atmen.

Benny Blu Wissens-Tipp

Bei der Fotosynthese nehmen Pflanzen Wasser und das Gas Kohlendioxid auf. Sie wandeln die beiden Stoffe in Traubenzucker und Sauerstoff um. Den Sauerstoff geben die Pflanzen an die Umwelt ab.

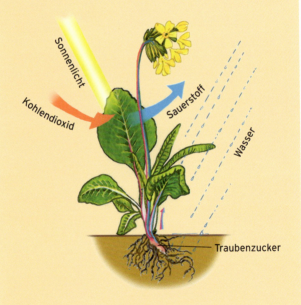

Das geschieht mithilfe von Sonnenlicht und einem grünen Farbstoff in den Blättern. Er heißt Chlorophyll (sprich: Klorofüll).

Wetter

Die Sonne beeinflusst unser Wetter. Regen zum Beispiel entsteht so: Durch die Wärme der Sonne verdunstet Wasser zu winzigen Wasserteilchen. Sie steigen auf und bilden Regenwolken.

Benny Blu Rätselfrage

Kannst du dir vorstellen, warum Sonnenblumen sich mit der Sonne drehen?

Alle Lösungen sind auf Seite 32!

Energie der Sonne

In der Sonne steckt viel Kraft, genauer gesagt: Energie.

Genug für alle

Die Sonne erzeugt unvorstellbare Mengen an Energie. Trotzdem nutzen die Menschen diese Kraft der Sonne noch viel zu wenig.

Die Sonne liefert etwa 10.000-mal mehr Energie, als wir auf der Erde benötigen.

Sonnenenergie nutzen

Aus Sonnenenergie lässt sich Strom gewinnen.

Sonnenlicht wird in Wärme umgewandelt. Sie erhitzt Wasser.

Solarenergie

Sonnenenergie nennt man auch Solarenergie. Der Begriff stammt vom lateinischen Wort „solaris". Das bedeutet: die Sonne betreffend.

Römischer Sonnengott Sol
(Sol heißt „Sonne")

Strom aus der Sonne

Um Strom zu erzeugen, fängt man das Sonnenlicht mit Solarzellen ein. Diese Art, Energie zu gewinnen, heißt Fotovoltaik.

Solarmodul

Mehrere Solarzellen bilden ein Solarmodul.

Solarzellen

Man sieht sie oft auf Hausdächern. Solarzellen sind dunkel. So nehmen sie mehr Energie auf.

So geht's

Solarzellen bestehen meist aus Silizium. In den einzelnen Schichten der Zelle befinden sich unterschiedlich viele Elektronen. Das sind winzige Teilchen. Mit bloßem Auge siehst du sie nicht.

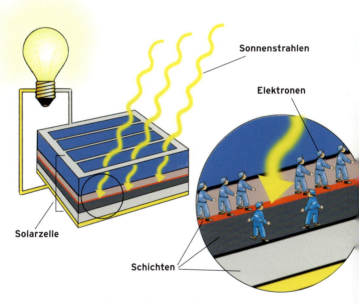

Sonnenlicht fällt auf die Solarzelle. Elektronen wandern in andere Schichten. Es entsteht elektrische Spannung. Schließt man zum Beispiel eine Lampe an, fließt Strom.

Benny Blu Spezialfrage

Benny Blu wollte schon immer wissen: Gibt es Solarstrom auch bei schlechtem Wetter oder Schnee?

An sonnigen Tagen stellen Solarzellen mehr Strom her als nötig. Akkus speichern den überflüssigen Strom für schlechtes Wetter.

Schneeräumanlage

Spezielle Anlagen befreien Solarzellen von Schnee oder Schmutz. Die Sonne scheint wieder auf die Solarzellen.

Anlagen für Solarstrom

Mehrere Solarmodule zusammen bilden eine Fotovoltaik-Anlage. In vielen Ländern liefern sie Strom.

Drehbar

Solaranlagen können sich auch drehen. Sie folgen dem Lauf der Sonne. So nutzt man ihre Energie noch besser.

Benny Blu Zwischenfrage

Was bedeutet das lateinische Wort „solaris"?

Tipp: Lies auf Seite 11 nach!

Überall Solar

Taschenrechner, Gartenleuchte, Parkuhr: Inzwischen arbeiten viele Geräte mit Solarzellen.

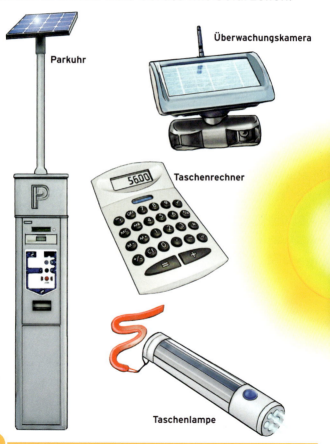

Mithilfe des Sonnenlichts stellen sie ihren eigenen Strom her. Das spart Batterien oder den Strom aus der Steckdose.

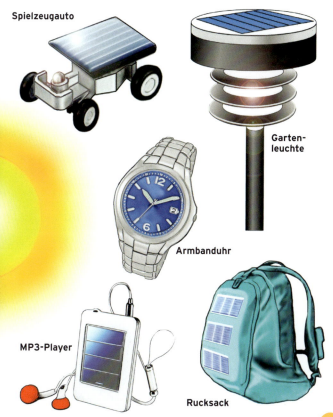

Wärme aus der Sonne

Die Sonne verwöhnt uns mit ihren Strahlen. In der Solarthermie nutzt man die Sonnenenergie, um Wärme zu erzeugen.

Benny Blu Wissensfrage

Was liefert eine Fotovoltaik-Anlage?

- Ⓐ frische Luft
- Ⓑ Strom
- Ⓒ tolle Fotos

Tipp: Lies auf Seite 12 und 13 nach!

Sonniges Haus
Große Fenster oder ein Wintergarten lassen mehr Sonnenstrahlen ins Haus. Es erwärmt sich besser. Man muss weniger heizen.

Warmwasser
Sonnenkollektoren wandeln Sonnenlicht in Wärme um. Sie erhitzt Wasser: zum Beispiel für die Dusche oder die Heizung.

So funktionieren Sonnenkollektoren

Das Sonnenlicht trifft auf eine schwarze Platte, den Absorber ①. Er wandelt Licht in Wärme um. Eine Flüssigkeit ② nimmt die Wärme auf.

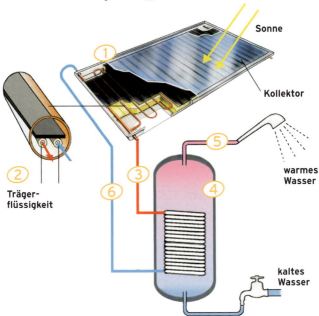

Durch Rohre ③ fließt die erhitzte Flüssigkeit zum Wärmespeicher ④. Dort wird das Wasser für den Haushalt ⑤ erwärmt. Die abgekühlte Flüssigkeit ⑥ fließt zum Kollektor zurück.

Kraftwerke

Solarthermie nutzt man auch für Kraftwerke. Mit Hohlspiegeln fängt man die Sonnenwärme ein.

Diese Hohlspiegel heißen auch Parabolspiegel.

Strom

Mithilfe der Parabolspiegel wird eine Flüssigkeit erhitzt. Sie lässt Wasserdampf entstehen. Er bewegt Turbinen. Sie treiben Generatoren an. Strom fließt.

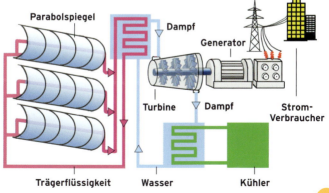

Benny Blu Wissens-Tipp

Oft liefern Erdöl oder Kohle Strom und Wärme. Diese Rohstoffe gehen aber langsam zu Ende. Kohle- und Erdölkraftwerke stoßen schädliche Abgase aus.

Kohlekraftwerk

Die Sonnenenergie ist fast unbegrenzt vorhanden. Ihre Nutzung setzt keine Abgase frei.

Wohnen mit der Sonne

Ein Sonnenhaus wird mithilfe von Sonnenkollektoren ① beheizt. Für Schlechtwetter-Zeiten speichert ein spezieller Wassertank ② die Wärme.

Sonnenhäuser sind sehr gut gedämmt. Das heißt: Die Gebäude verlieren durch Wände und Decke nur wenig Wärme.

Solarfassade

Moderne Hochhäuser haben immer öfter eine Oberfläche aus Solarzellen. Sie liefern Strom und sehen schick aus.

Benny Blu Aktions-Tipp

Warm duschen im Garten? Kein Problem! Lege einen dunklen Gartenschlauch wie eine Schnecke in die Sonne. Sie heizt das Wasser im Schlauch schnell auf. Viel Spaß!

Benny Blu Fehlersuche

In der Solarsiedlung Sonnenschein liefert die Sonne überall Energie. Findest du die sieben Fehler im unteren Bild?

Mit der Sonne unterwegs

Eine Schifffahrt ganz ohne Abgase – das ist auf dem Fluss Alster in Hamburg möglich. Dort fährt das Solarschiff Alstersonne.

Rennen

Alle zwei Jahre findet die Weltmeisterschaft der Solar-Rennwagen statt. Die Rennstrecke führt 3.000 Kilometer durch Australien.

In der Luft
Solair 2 wiegt mit Pilot nur etwa 250 Kilogramm. Das Solarflugzeug gleitet ganz leise durch die Luft.

Im Weltall
1970 erkundete Lunochod erstmals den Mond. Dieses Landefahrzeug trieben bereits Solarzellen an.

Benny Blu Wissens-Tipp

Eine der größten Fotovoltaik-Anlagen der Welt steht im spanischen Beneixama. Ihre Fläche entspricht etwa 71 Fußballfeldern.

Mein Wunschzettel

✓ Sammle sie alle! Einfach den Wunschzettel ausschneiden und an Mama, Papa, Oma, Opa, Tante, Onkel ... weiterreichen!

Müll · Bären · Burgen · Nicht mit mir!

Indianer · Wasser · Spiel mit! · Wald

Fahrrad · Meeresfische · Eisenbahn · Ägypten

Affen · BRD · Der Körper · Das Gehirn

Viele weitere Titel unter **www.bennyblu.de**

je Buch! -,95 €

Bambini

Lesespaß zum Minipreis!

- ✓ Für Kinder ab 3 Jahren
- ✓ Über 160 spannende Geschichten
- ✓ Liebevolle Illustrationen

Softcover, 24 Seiten
Format 10,5 x 12 cm
vierfarbig, geheftet
0,95 € (D), 0,98 € (A)

www.bennyblu.de

Bestimme das nächste Benny Blu Buch!

Idee
Ein Thema interessiert dich brennend und du möchtest alles darüber wissen? Du hast einen ganz bestimmten Titelwunsch für ein Benny Blu Buch, das es noch nicht gibt? Dann teile uns deine Idee mit!

Post
Schreibe einfach eine **E-Mail oder Postkarte** an:

Kinderleicht Wissen Verlag
Würzburger Str. 5
93059 Regensburg

info@bennyblu.de

Widmung
Entscheiden wir uns für deinen Vorschlag, bekommst du eine Widmung im Buch!

www.bennyblu.de

Alle Lösungen auf einen Blick

Damit du die Lösungen lesen kannst, musst du das Buch drehen.

Benny Blu Fehlersuche
Prima! Hier ist das Lösungsbild:

Von Seite 25:

Benny Blu Wissensfrage
Sehr gut! Antwort B Strom ist richtig.

Von Seite 18:

Benny Blu Zwischenfrage
Spitze! Das lateinische Wort „solaris" bedeutet: die Sonne betreffend.

Von Seite 15:

Benny Blu Rätselfrage
Ist doch klar! Wenn Sonnenblumen wachsen, drehen sie die Blüte und ihre Blätter mit der Sonne. Dadurch bekommen sie mehr Sonnenlicht.

Von Seite 9: